ISBN 978-1-365-40741-3

Il-Mediċina Tradizzjonali Ċiniża fil-kura ta' problemi Riproduttivi tal-Mara

Tradott minn

Elizabeth Cassar

Mahruġ mid-Departiment tal-Ostetrija u Ġinekologija

Skola Medika ta' l-Universitá ta' Malta

Malta

2014

L-oriġinal bl-Ingliż mehuda mis-sit:

http://www.hantang.com/english/en_Articles/woman.htm

Traduzzjoni bil-Malti maħruġa mid-Departiment tal-Ostetrija u Ginekoloġija

Skola Medika ta' l-Universitá ta' Malta, Malta

2014

© Department of Obstetrics & Gynaecology, UMMS, 2014

CONTENTS

1. Sindromu Pre-mestrwali

2. Ċikli Mestrwali irregolari

3. Bugħawwieġ qabel jew waqt it-tqala

4. L-infertilita'

5. Menopawsa

6. Il-Mediċina tradizzjonali Ċiniża u l-Emozzjonijiet

Il-Mediċina Tradizzjonali Ċiniża fil-kura ta' problemi riproduttivi tal-Mara

[1]Mit-twelid il-ġisem uman huwa maħluq li jfejjaq lilu nnifsu. Jekk taqta subgħajk, il-qatgħa tfieq. Dan kollu jiddependi mill-immunita tal-ġisem kemm ifiq malajr.

Meta tikkunsidra pazjenti dgħajfa u li jkollhom bil-fors jużaw is-sodod, il-każ huwa differenti. Il-Mediċina Ċiniża tradizzjonali hija aktar ta suċċess għax permezz tagħha l-ewwel tissaħħaħ is-sistema immuni tal-ġisem, imbagħad il-ġisem jibda jfieq. Il-Mediċina Ċiniża Tradizzjonali temmen li ġisem b'saħħtu jrid jiffunzjona eżatt kif inhu iddisinjat għalih. Din hi verita b'mod speċjali fil-ġisem tal-mara. Il-mara, kull xahar, ġisimha jipprepara programm biex jgħaddi mill-perjodu ta ċiklu fejn il-bajda tiffertilizza ruhha u tgħati sostenn għal-tqala b'saħħitha. L-Amerikani fis-snin 60 kienu jgħidu li mara b'sahhitha ma għandiex tgħaddi minn uġigħ pre-mestrwali jew uġigħ assoċjat mal-perjodu mestrwali. Minn jgħaddi minn dan kollu, ghalihom, żgur għandu problema mentali. Pero dan kien biss sakemm aktar studenti nisa bdew jidhlu għall-kors tal-mediċina. Hawn bdew jirrejalizzaw li nisa normali, iva, jista jkollhom malfunzjoni fis-sistema riproduttiva u dawn jirriżultaw f'ċikli mhux normali. Hafna min-nisa jikkontrollaw dan bil-mediċina jew hwawar naturali u dan hafna drabi jgħamluh biex itaffu l-uġigħ. Għalhekk kull ċiklu jaf jirriżulta l-istess jew b'uġigħ akbar. Ġeneralment tant l-uġigħ jiżdied li jirrikorru għall-ġinekologista u hemm jiġi ssuġġerit eżami laparoskopiku jew raxkament. F'ċertu każi jaf jasal ukoll għall-isterektomija. Kull mara ssofri l-istess sintomi?....LE!

---

[1] http://www.hantang.com/english/en_Articles/woman.htm

Ix-Xjenza Medika tal-Punent turina li ċ-ċiklu mestrwali jibda fit-tibdil tal-ormoni femminili. L-ormoni jistimulaw l-produzzjoni tal-bajd tal-mara u l- estroġenu tal-ormon. L-estroġenu jipproduċi tibdil fl-inforra tal-utru u s-sider u kif ukoll jistimula l-maturazzjoni tal-bajd. Il-Proġesteron u l-estroġenu jahdmu fuq l-utru u jippreparawlu inforra tajba għall-fertilizazzjoni tal-bajda. Dawn jahdmu wkoll fuq is-sider billi jibnu tessut neċessarju għall-produzzjoni tal-halib. Jekk ma jkunx hemm implantazzjoni tal-bajda fertili, il-produzzjoni tal-proġesteron u l-estroġenu tieqaf, l-inforra tal-utru titlaq u fil-fatt ikollok mestrwazzjoni. Dan iċ-ċiklu jibqa sejjer hekk ġeneralment sal-eta ta 50 sena. Meta dan il-livell tal-ormoni ma jkunx miżmum tajjeb, mestrwazzjoni ma jkunx hemm.

Skond it-teorija tal-Mediċina Ċiniża, l-bajda ma għandiex x'taqsam mal-mestrwazzjoni. Il-mestrwazzjoni tiġi mill-halib tas-sider tal-omm fejn halib abjad jipproduċi ruhu. Il-halib jgħaddi mill-kanal meridjan għall-utru. Meta l-halib ikun għaddej mill-addome, is-shana mill-musrana ż-żgħira idawwar il-halib abjad f'ahmar. Produzzjoni tajba tal-halib hija mportanti għal-mestrwazzjoni b'sahhitha bhal musrana żgħira li tipproduċi temperatura normali. Mara għandha thoss t- tenerezza u l-milja tas-sider qabel il-mestrwazzjoni tibda u din il-haġa hi b'sahhitha. Jekk fil-kanal meridjan ikollok imblukkar tal-halib, dan ma jistax jinżel l-isfel għall-utru. Jekk il-musrana ż-żgħira hija kiesha hafna jew shuna hafna, konverżjoni tal-mestrwazzjoni ma tkunx normali. Jekk il-halib tas-sider ma jkunx jista jgħaddi mill-kanal normali dan il-halib ha jmur xi mkien iehor. Jekk il-halib jidhol fil-qalb ikollok 'Lupus', jekk il-halib jidhol fid-demm –leukemia, jekk il-halib imur fil-pulmun dan jista jqabbad kankru fil-pulmun u jekk jibqa ġewwa s-sider jista jqabbad kankru fis-sider. Li żżom t-tmexxija tal-halib u l-musrana ż-żgħira b'sahhithom huwa mportanti għas-sahha tal-mara

[2]Sindromu Pre-mestrwali

Il-frażijiet tas-sindromu pre-mestrwali huma frażijiet li jiddiskrivuh bhalha sintomi anormali fuq mara qabel il-mestrwazzjoni. In-nisa jafu jesperjenzaw xi haġa jew kollox minn dawn is-sintomi:

---

[2] http://www.hantang.com/english/en_Articles/pms.htm

- Nefħa
- Konstipazzjoni
- Dijareja
- Tibdil kbir fil-burdati
- Irritabilita'
- Għejja kbira
- Nuqqas ta rqad
- Aġitazzjoni
- Dipressjoni
- Uġigħ ta ras
- Nefħa tal-ilma
- Uġigħ fl-għadam
- Problemi fil-ġilda
- Attakki ta l-ażma
- Aċċessjonijiet

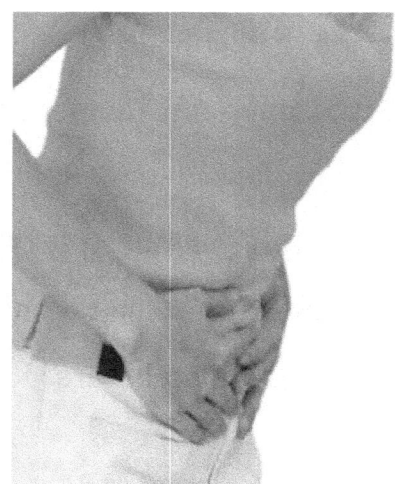

Fig. 1
Pre menstrual Syndrome

Xi ftit min-nisa jkollhom ftit minn dawn u ohrajn forsi jhossu kollox u forsi wkoll xi whud ma jkollhomx dan kull xahar.

Skond it-tejorija tax-Xjenza Medika tal-Punent tgħid li kundizzjoni psikoloġika qiegħdha hemm biex tqis is-sintomi ta hawn fuq, imbagħad, is-sintomi ikunu meqjusa bhalha manifestazzjonijiet normali ta ċaqlieq ormonali. Dan huwa kompletament differenti minn kif kien aċċettat fis-snin 50 u l-bidu tas-snin 60. Jekk mara kellha problemi assoċjati ma ċ-ċiklu, hija mhiex normali, jiġifieri mhijiex kuntenta b'hajjita u għandha bżonn terapija psikoloġika għal żmien iċ-ċiklu. Għalkemm la t-tejorija ta qabel u lanqas ta issa ma hi tajba, dik ta qabel tqarreb iktar lejn ir-realta'. Ma jfissirx li mara trid tiġi bhal mara taż-żmien 50 imma mhux normali li mara jkollha sintomi pre-mestrwali jekk il-ġisem tal-mara jkun bbilanċjat. Is-Sintomi pre-mestrwali huma ferm importanti għat-tobbi tradizzjonali Ċiniżi. Is-Sintomi pre-mestrwali turina l-istaġnar tal-fwied ikkawżat mit-tossiċi preżenti. L-istaġna tal-fwied jista jwassal ukoll għall-kostipazzjoni u jgħamel pressjoni mhux normali fuq il-milsa li tikkawża wkoll nefħa tal-ilma fil-ġisem, dijareja u problemi oħra. L-istaġnar fil-fwied jista wkoll jikkawża sħanat fil-ġisem li ġeneralment ikunu fil-parti ta fuq tal-ġisem li jqanqlulek ċerta rabja u uġigħ ta ras u li jista jispiċċa wkoll f'dipressjoni u tibdil tal-burdati. Żbilanċ fil-fwied jista wkoll jikkawża aċċessjonijiet. Kif tistgħu taraw ħafna problemi pre-mestrwali jistgħu ikunu ikkawżati minn żbilanċi fil-fwied, skond il-Mediċina tradizzjonali Ċiniża għalhekk il-mistoqsija hija: Kif jista jkollok żbilanċ fil-fwied?

Dawn huma t-tlett modi l-aktar komuni:

❖ Tossini

❖ Rabja

❖ Kliewi dgħajfa

Tossini

L-aktar mod faċli kif il-fwied jiżbilanċja ruħu huwa permezz tat-tossiċi fl-ikel li nieklu kuljum. It-Tossini huma l-affarijiet li aħna nibilgħu u li wkoll mhumiex naturali. Ħafna minn nies jaħsbu fl-affarijiet bħal kulur li nitfgħu fl-ikel, affarijiet li nitfgħu fl-ikel biex iżomm u ma jitħassarx u additivi u dan u korrett, imma mhux biss. Vitamini u supplimemti minerali li ma għandniex bżonn u neħduhom, huma wkoll ħażin għall-fwied. Ħaxix u frott li nieklu kuljum huma wkoll sprejjati jew jew għandhom kimika fihom biex jgħaġġel il-proċess tat-tkabbir tagħhom, iżommu l-kulur tagħhom u jidhru friski waqt il-qtugħ tagħhom. L-annimali jiġu wkoll mkabbrin malajr bl-additivi li jingħataw fl-ikel u bl-antibijotiċi biex iżommu l-bogħod mill-mard.Ftit minn dawn l-istimulanti li jkabbru huma ormoni sterojdi li jibqgħu ma l-annimali li jaslu sal-mejda ta l-ikel. Għalhekk, kuljum, kull wieħed u waħda minnħa nieħdu ħafna aktar kimika ġewwa ġisimna aktar milli naħsbu. Għaliex qed jiżdied il-Kankru fis-sider tal-mara? Dan kollu huwa relatat? Iva…… it-tweġiba hija Iva, hekk hu sfortunatament! Ġisimna, wara kull ikla, jrid jitneħħielu t-tossiċita, anke jekk ħadna vitamini u supplimenti minerali żejda. Il-Fwied jippurifika l-ikel u dan jarmieħ mal-ippurgar. Jekk il-marrara ma tkunx qed taħdem sew jew tkun stitika, it-tossini jibqgħu fil-fwied, jimblukkaw xogħol il-marrara. Wieħed mix-xogħolijiet importanti fit-Tejorija

Mediċinali Ċiniża huwa li jżomm iċ-ċirkulazzjoni kif suppost biex ma jkunx hemm staġnar fil-fwied.

Rabja

Fit-Teorija Mediċinali Ċiniża, kull organu huwa assoċjat ma emozzjoni. L-emozzjonijiet huma prodotti minn funzjoni ħażina tal-organu u l-emozzjoni minnha nfisa tista tħassar l-organu. L-emozzjoni assoċjata mal-fwied hija r-rabja. Illum il-ġurnata huwa faċli li tiġi stressat minħabba s-soċjeta li qedgħin ngħixu fiha. Hemm żewġ modi kif ġisimna jirrispondi għal din it-tensjoni – jew tiġġilieda jew taħrab mill-problema. Din it-tensjoni taf toħloq rabja, li din tħassar il-fwied u fl-aħħar mill-aħħar il-fwied jistaġna.

Kliewi dgħajfa

Kull organu għandu omm u iben skond it-Teorija Mediċinali Ċiniża. L-Omm tal-fwied hija l-kilwa li suppost tgħati l-appoġġ tagħha lill fwied. Jekk il-kilwa titlef is-saħħa, il-fwied jibda jitlef is-saħħa tiegħu ukoll. Il-ħsara fil-kilwa sseħħ bil-biża, xogħol estrem u sess aċċessiv. Xi wħud twieldu b'kilwa dgħajfa minħabba li l-omm jew il-missier ikunu eżawrew il-kilwa tagħhom b'xi waħda minn dawn li semmejna. Nkunu nafu meta l-kilwa hija eżawrita meta nħossuna ħafna għajjiena, jkollna uġigħ l'isfel fid-dahar, nidħlu ħafna drabi nagħmlu l-awrina jew ikollna idejna jew saqajna kesħin.

Kif nerġgħu niksbu bilanċ u nibqgħu fih?

Jekk il-mara qed issofri minn sintomu pre-mestrwali, ġeneralment, trattament magħmul mill-ħxejjex jgħin biex issib lura il-bilanċ. *Acupuncture* huwa meħtieġ għal sintomi akuti bħal nefħa u bugħawwieġ. Wara li tiġi eżaminata, it-tabib jista jirrakomanda *acupuncture* jew ħxejjex naturali. Ġeneralment, il-mara jkollha bżonn it-trattament għal xi darbtejn għalkemm kull mara ġisimha jaħdem b'mod differenti u kemm iddum tgħamel it-trattament jiddependi mill-ġisem tagħha. Jekk is-sintomi-pre-mestrwali huma riċenti u l-oriġini huma tossini fil-fwied, it-trattament ma għandux ikun fit-tul imma jekk ikun ilu u l-oriġini hu defiċjenza fil-kilwa, it-trattament jaf ikun itwal għax il-kilwa l-ewwel trid titfejjaq bħal dik tal-fwied. Kif dawn is-sintomi jitilqgħu kollha, trid tara kif tagħmel biex dawn ma jerġgħux iseħħu billi:

1. Telimina t-tossini kemm tista mill-ikel ta kuljum. Dan ifisser li tnaqqas ikel li jkollu kulur miżjud fih, preżervattivi u affarijiet miżjudin li huma artifiċjali. Naqqas ukoll l-ammont ta vitamini u supplimenti li jkunu żejda. Ixrob ħafna *green tea* kuljum għax dan jgħin biex jgħamel ditossifikazzjoni tal-fwied aħjar.

2. Tgħallem kif tieħu l-istress pożittivment. Jekk kull fil-għodu ssib ħafna traffiku, ipprova sib triq oħra, ixgħel ftit mużika rilassanti, tgħallem hu n-nifs aħjar, ħalli ma tħossokx timtela bir-rabja minn ġewwa. Jekk għandek xogħol jew relazzjoni stressanti, sib alternattiva. Tħalliex ir-rabja takkumula ġewwa fik.. Għamel xi eżerċizzji li jgħinu toħroġ ir-rabja u l-istress minn ġewwa. Yoga, għawm, martial arts etċ... huma tipi ta sport li jgħinuk titgħallem kif tieħu nifs u jgħinu l-ġisem jirrispondi għall-istress. L-affarijiet li tagħmel b'moderazzjoni jipprevjenu ħsara mill-kliewi. Il-biża tagħmel ħafna ħsara lill-kliewi. Sistema ta twemmin tajba hija tajba biex tegħleb il-biżat li jkollna. Jekk il-kliewi b'saħħithom, il-biża mhiex fattur fil-ħajja tagħna.

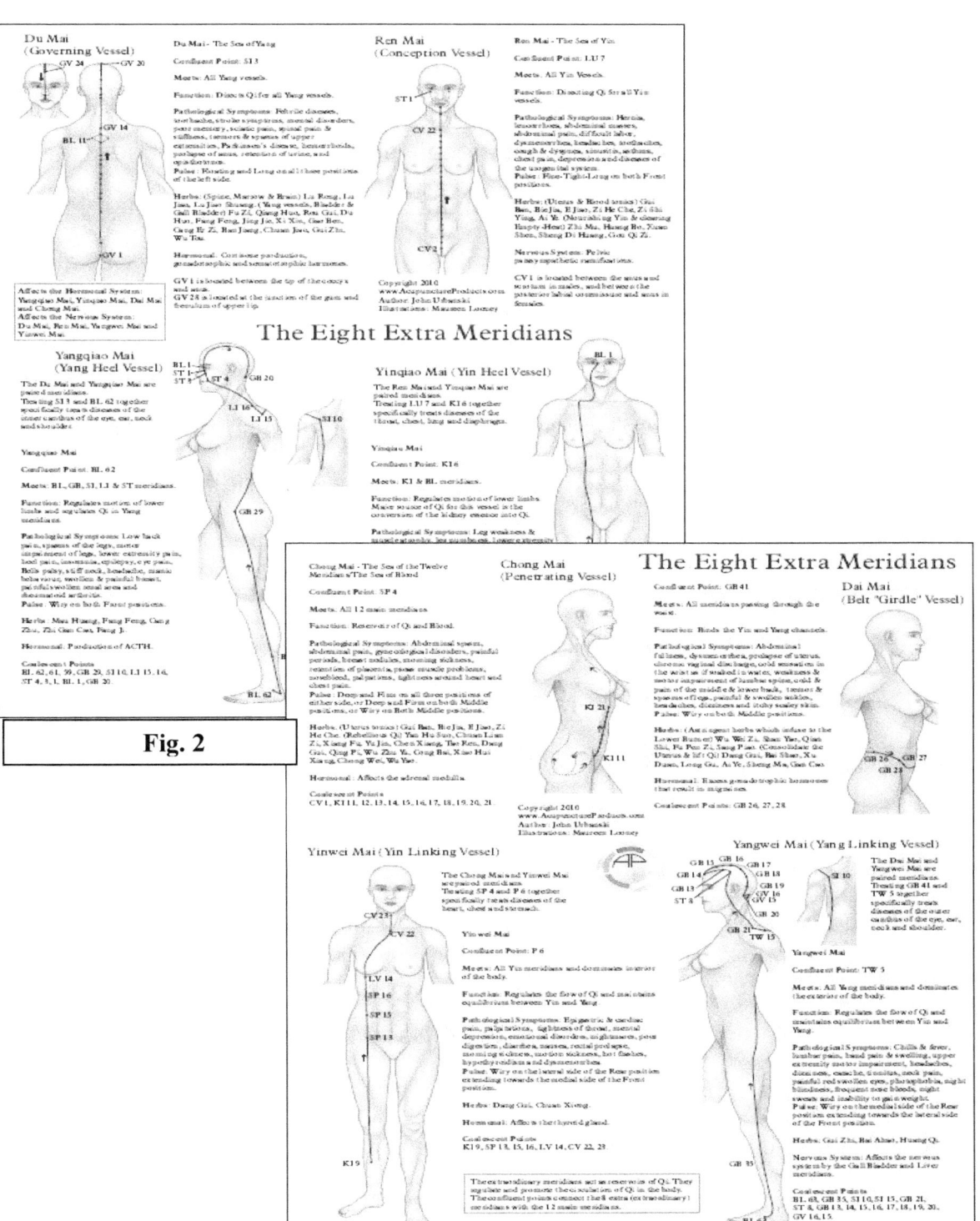

Fig. 2

Acupuncture Charts and Posters

[3] http://www.dcfirst.com/extraordinary_meridians_chart.html

[4]*Ċikli Mestrwali irregolari*

Iċ-Ċiklu mestrwali huwa parti mill-programm normali tas-saħħa tal-ġisem tal-mara. Jekk mara tkun bilanċjata u mingħajr problemi, iċ-ċikli jibdew mill-eta ta madwar 14 il-sena. Fil-bidu jistgħu ikunu mhux daqshekk regolari jew idumu kemm suppost li hu normali imma tista tinqabad tqila. *Tian Gui* huwa l-fluss mestrwali li jirriżulta min-nutrijenti li jgħaddu mill-*Ren Meridien* għas-sider fejn il-ħalib jipproduċi. Il-ħalib jimxi l-isfel fin-naħa ta *Chong Meridien* għall-utru fejn jgħaddi għall-musrana ż-żgħira, il-ħalib jisħon u jinbidel minn ħalib abjad f'demm aħmar mestrwali. Ladarba l-Meridjani (passaġġi immaġinarji li jikkomunikaw bejn żewġ punti fil-ġisem) huma maturi u miftuħa, iċ-ċiklu għandu iseħħ kull xahar. Is-sider jintela wkoll aktar mis-soltu sakemm l-ewwel traċċi tal-mestrwazzjoni jidhru. Ma għandux ikun hemm nefħa, bugħawwieġ jew sintomi pre-mestrwali oħra u l-mestrwazzjoni għandha iddum bejn erbgħa u sebat' ijiem. Il-fsada ma għandiex tkun ħafna b'tali mod li taħseb li ħa tiżvina. Iċ-ċiklu għandu jkun regolari, bejn wieħed u ieħor kull 28 ġurnata sakemm ma jkunx hemm tqala jew qed treddgħa. Iċ-ċiklu jista jinbidel bejn l-eta' ta' 44 u 49 sena minħabba viċinanzi ta waqfien taċ-ċiklu li jissejjaħ menopawsa.

Xi kultant iċ-ċiklu ma jiġiex regolari jew il-fsada tkun qawwija jew insuffiċjenti. Meta jiġri dan ifisser li l-ġisem tal-mara huwa żbilanċjat. Interruzzjonijiet, imblukkar taċ-ċiklu normali jista jirriżulta f'ħafna ħalib jibqa fis-sider, jew jidħol fid-demm, qalb jew pulmun. It-Tejorija Mediċinali Ċiniża temmen li fluss mhux kif suppost ta Tian Gui jista jirriżulta f'massa ġewwa s-sider, Lupus, Lewkimja jew kanċer fil-pulmun. Għalhekk huwa mportanti mmens li ċ-ċiklu jkun normali.

---

[4] http://www.hantang.com/english/en_Articles/irregulamenstrualcycle.htm

❖ **Ċiklu Irregolari :** Dan huwa meta ċ-ċiklu mestrwali ma jkunx kull 28 ġurnata jew fil-viċin. Il-Mediċina tradizzjonali Ċiniża temmen li ċ-ċiklu li jibda normali imma jiqsar, jindika li hemm aktar sħana fid-demm jew nuqqas ta enerġija. Ċikli li jdumu aktar biex jibdew juru kesħa fid-demm, defiċjenza fid-demm u staġnar. Ċikli li jdumu iktar minn xahar ifisser staġnar fil-fwied jew defiċjenza fil-kilwa.

➢ Sħana fid-demm - Ġeneralment il-mara b'ċiklu qasir minħabba din is-sħana tara awrina skura, demm aħmar skur u oħxon, fil-waqt li tħoss il-fwawar fin-naħa tas-sider u jaqbadha ħafna għatx. Sħana fid-demm tista tkun minħabba ikel pikkanti jew doża qawwija ta ħxejjex aromatiċi jew mediċinali.

➢ Defiċjenza fil-Qi (demm u essenza)– Mara li tbati minn ċikli qosra minħabba defiċjenza fil-Qi (demm u essenza), ċiklu abbundanti b'demm ċar u rqiq. Ġeneralment tkun għajjiena ħafna u jkollha nuqqas ta nifs u forsi anke taħbit tal-qalb iktar mgħaġġel. Tista wkoll tkun eżawrita minn strapazz, dieta mhux tajba li taffettwa l-milsa.

➢ Kesħa fid-demm – Mara li tibda ssofri minn ċikli skarsi u li tara demm skur tista tkun qed issofri minn kesħa fid-demm. Ġeneralment ukoll ikollha uġigħ kbir f'żaqqa li jonqos xi ftit jekk tagħmel kuxxinett sħun magħha. F'dan il-każ ikollha anke idejha u saqajha kesħin. Dan jiġri għax jew tkun esposta għal kesħa, jew għax tkun kielet ikel nej waqt iċ-ċiklu.

➢ Nuqqas ta demm – Mara li tkun qed issofri minn ċikli li jkunu skarsi u l-bogħod minn xulxin tista tkun qed isofri minn nuqqas ta demm. Tista wkoll tkun storduta, ma tibdiex tara sew u anke jkollha sensazzjoni li ma għandha xejn f'żaqqha. In-nuqqas ta demm jista jseħħ minn mard kroniku jew tqaliet spissi fi ftit żmien. Mara li jkollha dieta irregolari b'eżerċizzju mhux tajjeb u bi strapazz, tista tagħmel ħsara lill- milsa jew l-istonku u jkollha demm baxx.

➢ Stagnar tal-Qi (demm u essenza)– Ċikli li jittardjaw jew irregolari, b'demm aħmar skur jistgħu ikunu ikkawżati minn sinjali ta stress. Ġeneralment il-mara jinbidlulha il-burdati, sinjali ta dipressjoni u forsi xi ftit uġigħ ukoll. Dawn is-sinjali ta stress jaffettwaw il-fwied u jikkawżaw taqlib emozzjonali, rabja jew dipressjoni. Jekk ikun hemm dawn is-sinjali ta stress, id-demm ma jimxiex u jkollok ukoll tardjar fiċ-ċiklu.

➢ Defiċjenza tal-kilwa – Ċikli irregolari demm ċar u skars jindika nuqqas ta effiċjenza fil-kilwa. Il-mara tista tesperjenza wkoll sturdamenti u kif ukoll tisfir fil-widnejn juġgħaha dahara in-naħa ta isfel u l-irkubbtejn jiddgħajfu. Tibda tqum aktar spiss bil-lejl biex tgħaddi l-awrina. Sess kmieni f'eta żgħira u użu ta alkoħol waqt attivita sesswali huma żewġ fatturi oħra li jgħamlu l-ħsara lil kliewi. Aħna mwielda minn ċerta sustanza naturali. Nistgħu nużawha malajr u nibdew minn eta kmieni. Jekk din is-sustanza tal-kilwa tiġi użata kollha jew il-kilwa tidgħajjef Tian Gui ma tgħaddiex mill-passaġġi mmaġinarji Ren u Chong u fil-fatt ċiklu normali ma jseħħx.

Kif tista terġa lura fil-bilanċ it-tajjeb u tibqa fih.

Jekk tbati minn ċikli mestruwali irregolari huwa mportanti għat-tabib tradizzjonali Ċiniż tiegħek li jiddetermina li tip ta sindromu huwa l-kawża ta dan. Kif tistgħu taraw hemm tipi differenti ta sindromi li jikkawżaw ċikli mestrwali irregolari. Ġeneralment trattament bl-akupuntura jew bil-ħxejjex naturali jistgħu jaġġustaw ċikli irregolari u li xi kultant trid tibqa anki teħodhom għal ftit xhur biex tassigura li ċ-ċiklu ġie normali. Huwa mportanti ħafna għal-mara biex iġġib lura l-bilanċ u jkollha ċikli mestrwali regolari. Dawn huma għajnuniet importanti biex tiftakar dwar iċ-ċiklu mestrwali:

1. Tixrobx affarijiet kesħin waqt iċ-ċiklu mestrwali. Jekk għallinqas ma tħobbx xorb sħun, ixrob xi ħaġa mingħajr silġ fih.

2. Tieklox ikel kiesaħ waqt il-ċiklu mestrwali. Dan ukoll qed ninkludu ġelati u ikel li minn natura tiegħu huwa kiesaħ. Jekk tieħdu frott jew ħxejjex mhux misjura għamel mezz li dawn ikunu misjurin u sħan jew tibbilanċjhom bis-sopop u tejiet.

3. Tidħolx f'ilma kiesaħ , tgħum jew tixxarrab bix-xita. Dan huwa mod ieħor kif il-kesħa tinvadi l-utru waqt iċ-ċiklu mestrwali. Xi tobba Ċiniżi huma kawteli dwar li tinħasel waqt iċ-ċiklu mestrwali, għax ġismek huwa mikxuf u suxxettibli għal invażżjoni tal-patoġeni.

4. Tgħamilx ħafna eżerċizzju waqt iċ-ċiklu. Naqqas il-programm tiegħek ta eżerċizzju waqt dan iż-żmien biex ma tgħamilx aktar piż fuq il-kliewi. Tippruvax tagħmel ħafna eżerċizzju u tieqaf f'daqqa waqt iċ-ċiklu minħabba li

dan hu mod tajjeb biex tqanqal il-mikrobi li qedgħin fik u tikkawża problemi fiċ-ċikli għas-snin ta wara.

5.	Kul b'mod tajjeb u regolari. Jekk ma tiekolx kif suppost tista tħassar il-milsa u jkollok problemi fiċ-ċikli.

6.	Għamel eżerċizzji li jgħinu jissollevaw l-istress u emozzjonijiet negattivi. Dawn jistgħu iwasslu għal staġnar fil-fwied u problemi fiċ-ċiklu.

7.	Moderazzjoni ta attivita sesswali tgħin ukoll minħabba l-eżawriment tal-kliewi.

Bugħawwieġ qabel jew waqt it-tqala

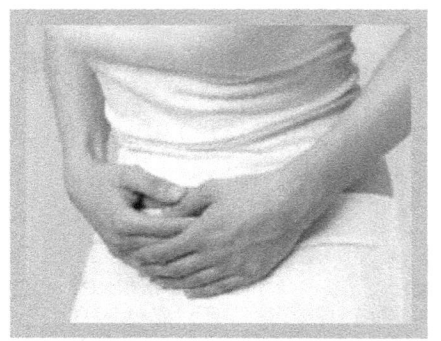

Uġigħ sever fl-utru jiddeskrivi il-kelma *dysmenorrhea* qabel u waqt iċ-ċiklu. Għal xi wħud minn nisa l-uġigħ huwa ferm akbar u jista jkun fil-parti ta isfel fid-dahar, fiż-żaqq u fis-saqajn. Għaxra fil-mija tal-bniet ifallu l-iskola minħabba hekk. Il-kawża ta dan hija aktar produzzjoni ta sustanza li tissejjaħ *prostaglandin*. Din is-sustanza hija mportanti għal kontrazzjonijiet ta l-utru waqt il-ħlas. Kawża oħra ta *dysmenorrhea* hija l-endometrijożi. Din hi kundizzjoni fejn it-tessut ta l-utru jimxi l-barra minn l-utru u jipproduċi bugħawwieġ. Il-Mediċina Tradizzjonali Ċiniza taqsam id- *dysmenorrhea* fi tnejn: uġigħ żejjed u nuqqas ta uġigħ.

1.	**Sindromu ta uġigħ żejjed:** *Dysmenorrhea* hija kkawżata minn staġnar tad-demm. Biex id-demm jista jimxi mingħajr ma jistaġna hemm bżonn gwida ta Qi. Il-kesħa hija kawża fejn id-demm jista jistaġna. Infatti meta jkunu jridu jwaqqfu d-demm iwaqqfuh bis-silġ u hekk hu l-istess ħaġa li jiġri fiċ-ċiklu mestrwali bil-kesħa. Ftit sħana tagħmel aħjar għall-uġigħ għax idewweb id-demm staġnat u dan jista jimxi mingħajr intoppi.

2. **Sindromu ta' nuqqas ta** : *Dysmenorrhea* f'dan il-każ hija kkawżata minn nuqqas ta' demm u Qi qed iċaħħad lil utru minn nutrijenti. Ġeneralment l-uġigħ jiġi lejn l-aħħar tal-mestrwazzjoni jew meta jieqaf id-demm. Mara li jkollha dan it-tip ta uġigħ tħossha aħjar permezz ta pressjoni fuq l-addome tagħha. Il-fluss mestrwali jkun ċar ħafna u rqiq u tista tkun storduta u bla saħħa.

Kif tista terġa ssib il-bilanċ u tibqa?

Nisa li jesperjenzaw uġigħ mestrwali jistgħu jibbenefikaw minn akupuntura li ineħħi jew inaqqas l-uġigħ mestrwali. Trattament bi ħxejjex naturali huwa neċessarju biex jikkoreġi l-iżbilanċ li qed jikkawża l-uġigħ. Dawn il-ħxejjex naturali ġeneralment iridu jittieħdu għal ftit xhur biex tassigura li l-iżbilanċ telaq.

1. **Is-sindromu ta uġigħ żejjed** - Jekk il-bugħawwieġ tal-mara ġej mid-demm staġnat, biex tistrieħ mill-uġigħ wara l-akuputura, il-mara jeħtieġ li tieħu ħxejjex aromatiċi waqt il-mestrwazzjoni. Imbagħad dawn il-ħxejjex aromatiċi iridu jittieħdu wkoll fil- bidu ta ċiklu mestrwali li jmiss u ta warajh, sakemm l-istaġnar jiġi eliminat. Il-kawża ta l-istaġnar tista tkun mill-fwied jew minn kesħa żejda fid-demm. F'dan il-każ il-mara għandha bżonn ħxejjex aromatiċi bejn iċ-ċikli biex terġa tibbilanċja ruħha. Wara li l-fluss fil-fwied jiġi normali u l-kesħa fid-demm tegħeb, il-mara trid toqgħod attenta li dan ma jerġax jiġri. L-agħar ħaġa għall-istaġnar tal-fwied huwa l-istress u r-rabja li tinħoloq matul il-ġurnata. L-aħjar huwa li tieħu nifs profond u tagħmel eżerċizzji biex iżżomm il-fluss għaddej normali. Yoga huwa mezz ieħor kif tista żżomm il-bilanċ fil-ġisem. Biex tevita invażżjoni tal-kesħa minn ġewwa, l-

aħjar huwa li tibbilanċja fil-kwalita ta l-ikel u xorb bejn kiesaħ u sħun. Ipproteġi lilek innifsek ukoll mill-kesħa u jekk tista toqgħodx toħroġ u tidħol mill-kiesaħ għas-sħun speċjalment jekk tkun għeriqt.

2. **Sindromu ta nuqqas ta:** L-uġigħ sever fl-utru ġeneralment iseħħ meta mara mhiex b'saħħitha u ghandha mard kroniku jew ġisimha dgħajjef. Trattament għal dan huwa permezz ta ħxejjex nutrittivi u dieta. Ħafna minn nisa huma stretti x'jieklu u hemm min jiekol biss ħxejjex . Peress li kull xahar jitilfu id-dmija fiċ-ċiklu, jeħtieġ li jsibu xi ħaġa li tissosttitwixxi l-protejini li hemm fil-laħam aħmar. L-akupuntura jista jkun li ma taħdimx biex tnaqqas l-uġigħ mestrwali f'dan il-punt, imma formuli erbali jaħdmu aħjar kemm waqt iċ-ċiklu u kemm bejn iċ-ċikli.

[5]L-infertilita'

Kif semmejna qabel il-ġisem hu pprogrammat mit-twelid biex ifejjaq lilu nnifsu u jirriproduċi. Jekk il-ġisem ta mara qiegħed f'bilanċ, it-tqala ma jkolliex diffikultajiet. Jista jkun hemm ħafna kawżi ta infertilita' bl-aktar komuni:

- ❖ Nuqqas ta Jing Essence
- ❖ Kesħa fl-Utru
- ❖ Demm qiegħed fl-utru

Nuqqas ta Jing Essence : Jing Essence hija tip partikulari ta Qi li nitwieldu bih. Dan nirċevuh min għand il-ġenituri. L-ammont li kull individwu għandu huwa direttament relatat ma dak li ngħata minn għand l-omm u l-missier, jiġifieri jekk il-*Jing Essence* tal-ġenituri kien eżawrit , dawn kellhom anqas x'jagħtu lil uliedhom. Jing Essence tista tkun eżawrita minhabba eċċessivita ta' attivita sesswali, dieta mhux tajba, stress u anke l-eta. Din hi neċessarja għall-iżvilupp u anke riproduzzjoni. Tfal bniet li twieldu minn ġenituri ftit kbar jista jkun li wirtu anqas *Jing Essence* u allura tista tonqsilhom il-fertilita'. Din it-tip ta assenza tiġi maħżuna fil-kilwa u jekk il-kilwa hija xi ftit ineffiċenti, ma tkunx maħżuna tajjeb. Kull ħaġa li tnaqqas is-saħħa tal-*Jing Essence* jew inkella il-kilwa hija dagħjfa, hemm iċ-ċans inqas li l-mara tinqabad tqila.

B'defiċjenza konġenitali ta *Jing Essence* tidher ukoll f'tardjar ta żvilupp fiżikali u mentali. Xi kultant meta tara bniet li jkollhom iċ-ċiklu tard jista jkun li jkunu qed ibatu minn nuqqas ta' *Jing Essence*. Is-sintomi ta ineffiċjenza fil-kilwa jistgħu ikunu uġigħ fid-dahar in-naħa ta isfel, għejja, problemi urinarji, konfużjoni mentali u nuqqas ta memorja. Stress , eżerċizzju mhux tajjeb u attivita sesswali eċċessiva jistgħu jagħmlu ħsara lil kilwa. Konsumazzjoni ta ħafna ħlewwiet tista wkoll toħloq problemi fil-funzjoni tal-kilwa u jekk din ma

---

[5] http://www.hantang.com/english/en_Articles/infertile.htm

taħdimx tajjeb ma jkunx possibli li taħzen u twassal *Jing Essence* u dan jirriżulta f'nuqqas ta riproduzzjoni.

Jekk il-*Jing Essence* ineffiċjenti, l-isperma tar-raġel ma tiżviluppax biżżejjed u fil-każ tal-mara il-bajda ma timmaturax. Mingħajr żvilupp ta l-isperma u n-nuqqas ta maturita tal-bajda ma jkunx hemm fertilizazzjoni u eventwalment konċepiment.

Kesħa fl-utru: L-utru jrid ikun f'qadgħa tajba biex l-embriju jkun jista jiżviluppa u jikber, jiġifieri bi sħana suffiċjenti. Malli jsir il-konċepiment, l-embriju jkollu anqas minn ġimgħa biex jippenetra ġewwa l-utru. Il-penetrament ġewwa l-utru jipprovdi konnessjoni diretta fil-vini, li dawn jipprovdu nutrimenti tajba lil utru. Din il-konnessjoni tinżamm sakemm tifforma l-plaċenta f'madwar tlett xhur fit-tqala. Kull dgħjufija fl-utru, tirriżulta f'korriment tal-fetu pero l-ewwel l-utru irid iħalli l-impjantazzjoni ssir. Kawża komuni fin-nisa tal-llum fejn hemm infertilita' hija invazzjoni ta kesħa fl-utru. Illum il-ġurnata ħafna minn nies iħobbu jużaw ħafna affarjiet kesħin bħal silġ fix-xorb u nieklu ikel kiesaħ. Anke jekk il-klima tagħna hija xi ftit sħuna xorta waħda jista jkun hemm patoġeni kesħin. Illum il-ġurnata ħafna ma għadhomx jistaportu s-sħana u għalhekk ma l-ewwel ftit jaqbżu jgħumu, jixorbu kiesaħ u jidħlu taħt l-arja kkundizzjonata. Dan ma jħalliex il-pori tal-ġisem miftuħin. Jekk ħiereġ l-għaraq il-pori huma miftuħa u l-ġisem jibda jiksaħ ftit ftit u mhux f'daqqa. Jekk nieħdu affarijiet kesħin il-pori jgħalqu f'daqqa u jibqa l-umdita taħt il-ġilda. Madankollu jekk il-mara qiegħdha fiċ-ċiklu, infetaħ kanal direttament fil-ġuf fejn il-kesħa tidħol diretta u aktar malajr u din ma tħalliex lill-embriju jimpjnata ruħu jew biex jiżviluppa. Anke jekk il-fertilizzazjoni issir, it-tqala xorta ma tispiċċax. Mara tista tinduna jekk daħlet il-kesħa fl-utru minħabba li jekk tagħmel xi ħaġa sħuna ma żaqqha tħossha ħafna aħjar.

Staġnar tad-demm: Kif tiġa semmejna hawn fuq id-demm ikun irid jiġri mingħajr intoppi fl-utru biex jista jagħti n-nutriment lill embriju għax dak kollu li jwaqqaf id-demm jirriżulta fi staġnar u eventwalment massess fl-addome. Dawn il-massess jikkawżaw uġigħ u l-pressa fiż-żaqq tikkawża uġigħ akbar. Dawn il-massess jistgħu jinterferixxu fl-impjantazzjoni tal-embriju għax jgħalqu l-parti fejn issir l-impjantazzjoni. Jekk id-demm mhux miexi, ma jkunx hemm nutriment tajjeb biex l-impjantazzjoni isseħħ. Skond it-Tejorija Mediċinali Ċiniża, ċirkulazzjoni tajba isseħħ fil-preżenza ta Qi li jiċċirkula mill-meridjan, kanali u l-muskoli biex id-demm jimxi sew.

Kif tista terġa tibbilanċja u tibqa: Wara eżaminazzjoni ta tabib li juża Mediċina Tradizzjonali Ċiniża, il-kawża tal-infertilita tiġi ddeterminata u jkun jista jagħti l-kura lil kull waħda differenti mill-oħra.

- **Jing Essence:** Jekk il-kawża tal-infertilita' tkun minn nuqqas ta *Jing Essence* ikkawżat mid-dgħjufija tal-kilwa, formuli erbali jiġu preskritti biex isaħħu l-kilwa. Xi kultant id-dgħufija fil-kliewi tista tkun il-ġebla u hawn it-tabib jista jgħidlek din jekk hiex kawża ta infertilita. It-trattament jista jikkonsisti fi ħwawar u akupuntura. Jekk in-nuqqas ta Jing Essence huwa mil- ineffiċjenza tal-kilwa, il-formola tal-ħwawar tista tgħin li l-kilwa terġa tiffunzjona normali. Il-mara għandha wkoll toqgħod attenta minn eżerċizzju eċċessiv waqt iċ-ċiklu mestrwali u kif ukoll iżomm dieta nutrittiva. Tip ta eżerċizzju bin-nifs ukoll jgħin tibni il-Qi li jgħin ukoll mara ineffiċjenti fil- *Jing Essence*. Jekk it-tabib jikkonferma li l-ineffiċjenza hija konġenitali, formula tal-ħwawar tiġi preskritta biex issaħħah il-kilwa biex tikkonserva l-essenza konġenitali.

- **Kesħa fl-utru:** Jekk it-tabib tradizzjonali Ċiniż, jikkonferma wara li jeżamina l-mara, li qed tbati minn intern kiesaħ, tiġi preskritta formoli ta ħwawar biex isaħħnu l-utru. Biex tevita li jiġri dan, mara trid tevita li tiekol u tixrob kiesaħ waqt iċ-ċiklu u tevita li tiekol frott jew ikel nej. Jekk inti tiekol ħaxix biss, ara li tieħu xi sopop ,tejiet u protejini biex iżomm ruħek sħuna. Huwa wkoll rakkomandat li tiekol laħam aħmar u ħut waqt iċ-ċiklu.

▪ **Staġnar tad-demm:** Wara li mara tiġi eżaminata mit-tabib tradizzjonali Ċiniż u jiġi nnutat li qed tbati minn staġnar tad-demm, hija tiġi preskritta ħwawar jew akupuntura. Staġnar fid-demm fiċ-ċiklu jista jwassal għal bugħawwieġ. Jekk jiġu preskritti l-ħwawar , dawn normalment iridu jittieħdu għal xi żewġ ċikli biex jassiguraw li d-demm maqgħud jiġi mneħħi. Il-mara tista tara ħafna aktar dmija minħabba dan għal xi żewġ ċikli sakemm titnaddaf. Il- mara trid tieħu dawn ħwawar bejn ġurnata u jumejn qabel iċ-ċiklu u tkompli wkoll waqt iċ-ċiklu. Tista wkoll tinnota li tkun qed tara aktar dmija mis-soltu fl-ewwel żewġ ċikli wara li tkun bdiet tieħu dawn il-ħwawar minħabba li dawn l-għoqod tad-demm jibdew jinħallu u jitilqgħu. Għalhekk il-bugħawwieġ jonqos wara li mara teħles minħabba l-fatt li dan l-istaġnar ikun ħareġ wara l-ħlas. Wara li dan l-istaġnar ikun tneħħa, huwa mportanti li l-mara ma tipproduċiex aktar. Ir-rabja u t-tossiċita jistgħu jagħmlu ħafna ħsara. Il-mod kif nieklu huwa mportanti ħafna. Nippruvaw li ma nieklux ikel b'ħafna livelli ta additivi. Innaqqsu wkoll ix-xorb alkoħoliku u nużaw ukoll ħwawar li jgħassistu l-fwied biex inaddfu d-demm. Is-Supplimenti tal-vitamini u l-minerali jafu wkoll ikunu ta piż fuq il-fwied li għandu staġnar . Eżerċizzju li jnaqqas l-istress huwa rakkomandat b'mod speċjali dak tal-kontroll tan-nifs. Hemm ukoll il-Yoga li tista tgħin f'dan il-qasam. Jekk ma tistax tevita sitwazzjonijiet ta stress, formuli bi ħwawar apposta jkunu meħtieġa biex jassistu l-ġisem mill-istaġnar.

Menopawsa[6]

Il-menpawsa hija l-waqfien taċ-ċiklu mestrwali li dan iseħħ bejn l-eta ta 40 u 55 sena. In-nisa f'dan iż-żmien jesperjenzaw ħafna tibdil fiċ-ċiklu kull sena bħall ċikli inqas fis-sena, itwal u aktar distanti sakemm dawn jispiċċaw għal kollox. Ix-Xjenza tal- Punent tispjega l-menopawsa bħalha tnaqqis fl-għadd tal-follikuli fl-ovarji li jiġu insuffiċjenti biex jipproduċu livell għoli ta estroġenu li jistimula iċ-ċiklu ormonali u l-mestrwu. Mhux kull mara tesperjenza l-istess sintomu meta l-livel tal-estroġenu jibda jonqos. Dawn is-sintomi jistgħu ikunu:

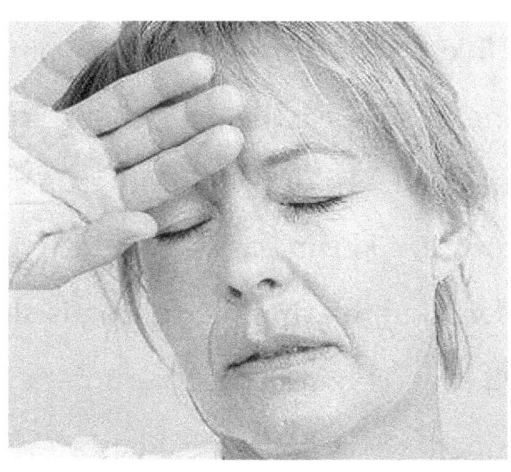

- ❖ Fwawar: sittin fil-mija tan-nisa jesperjenzaw sensazzjoni ta sħana kbira li tinfirex fil-ġisem, oħrajn fil-parti ta fuq u oħrajn kullimkien.

- ❖ Ħruġ tal-għaraq bil-lejl: Għalkemm xi nisa jesperjenzaw il-fwawar, hemm uħud li joħroġilhom l-għaraq matul il-lejl u saħansitra oħrajn li jxarrbu s-sodda bl-għaraq.

- ❖ Tibdil-fil-burdati, irritabilita u dipressjoni.

- ❖ Attakk ta paniku u anke qtugħ ta nifs

- ❖ Tistordi u t-taħbit tal-qalb magħġġel

- ❖ Jiggravaw jekk kienu jeżistu kundizzjonijiet mentali

- ❖ Problemi fil-bużżieqa tal-awrina

---

[6] http://www.hantang.com/english/en_Articles/Menopause.htm

Fit-tejorija tal-Mediċina Tradizzjonali Ċiniża, il-menopawsa sseħħ għax jibda jinxef it-Tian Gui, ilma tal-ġisem. Bħalma semmejna qabel, id-demm taċ-ċiklu joriġina mill-ħalib tas-sider li jiġi minn Tian Gui u li dan oriġina mill-kliewi. Kemm in-nisa u kemm l-irġiel għandhom minn dan. Fil-każ ta l-irġiel dan jifforma f'semen jew sperma. Dan jgħaddi mill-kanali meridjani fejn jispiċċa jitla fil-wiċċ u jsir daqna pero biex isir sperma l-ewwel irid jgħaddi mill-kanal Chong. Għan-nisa , dan jgħaddi mill kanal Ren għas-sider fejn imbagħad dan imur fil-kanal Chong għall-utru u joħroġ bħalha demm fiċ-ċiklu. Xi kultant demm normali u d-demm mestrwali jitħalltu u dan jipproduċi ċikli mhux normali.Normalment, Tian Gui mhux konsidrat bħalha demm. Kitba antika fuq l-Mediċna Tradizzjonali Ċiniża tgħid li kull mara tinbidel kull 7 snin filwaqt li raġel jinbidel kull 8. Meta jkollha 7 snin ikollha tiġa snina kollha tagħha, il-kliewi jissaħħu aktar u xagħarha jitwal. Fl-eta ta 14-il sena Tian Gui jimmatura, il-kanali Ren u Chong jinfetħu, iċ-ċiklu mestrwali jibda u tista wkoll toħroġ tqila. Fl-eta ta 21 sena, il-kilwa tkun b'saħħitha, toħroġ is-sinna tal-għaqad u l-ġisem jiffjorixxi. Fl-eta ta 28 sena, il-mara tilħaq il-quċċata ta l-iżvilupp. L-għadam u tendini huma żviluppati sew u x-xagħar l-karatteristiċi sesswali li huma sekondarji kompluti. Fl-eta ta 35 sena l-kanali li jirregolaw il-muskoli tal-wiċċ li huma l-musrana l-kbira u l-istonku jibdew jinżlu, jibda ttikmix u x-xagħar jirqaq. Ma l-eta ta 42 sena t-tlett kanali Yang jinżlu wkoll u x-xagħar jibjad. Malli mara tagħlaq 49 sena, il-meridjani Ren u Chong jiżvujtaw, Tian Gui jonqos u l-mestrwazzjoni tieqaf, l-fertilita tispiċċa u l-menopawsa tibda. Dan huwa kollu normali . Malli Tian Gui jonqos , l-utru jinxtorob ukoll fil-qis tiegħu. L-utru jirċievi s-sħana mill-musrana ż-żgħira. Din is-sħana normalment tinbidel f'ħalib abjad tas-sider imbagħad f'demm aħmar mestrwali, imma malli l-utru jibda jinxtorob u s-sħana mill-musrana ż-żgħira tista taħrab xi ftit minnha u tipproduċi l-fwawar. Jekk l-utru jinxtorob normali, jista jkun hemm inqas fwawar jew xejn affattu. Madanakollu jekk l-utru mhux normali, mimli bid-demm staġnat u il-patoġenu kiesaħ, imbagħad l-utru ma jinxtorobx kif suppost u għalhekk il-mara tesperjenza ħafna aktar fwawar.

Kif tista terġa tibbilanċja u tibqa: Jekk il-mara tesperjenza sintomi ta menopawsa, il-Mediċina Tradizzjonali Ċiniża tiddetermina il-problema minn fejn ġejja. Il-mara tiġi ttrattata għas-sintomi tal-menopawsa u jibda l-proċess naturali. Id-demm staġnat irid jitneħħa l-barra mill-utru biex il-kollass naturali tal-utru jseħħ. Fwawar żejda jiġu ttrattati sakemm il-kollass iseħħ. Hemm ħafna ħwawar li bihom tista tittratta l-fwawar. Dawn huma xi suġġerimenti ta kif għandek tgħaddi l-proċess tal-menopawsa u wara:

❖ Ikkonsma prodotti tas-sojja. Huwa mportanti biex tibbilanċja l-ġisem pero mportanti wkoll mhux li tieħu kapsuli jew estratti mis-sojja. Tista tieħu għajnuna ta sojja waħda kuljum bħal xi ħalib tas-sojja miżjud mal-frott fil-għodu, xi yogurt mill-ħalib tas-sojja jew fażola tas-soya maxx mal-ikel.

❖ L-eżerċizzju huwa mportanti ħafna biex ikollok għadam b'saħħtu. Mixi, żfin jew rota huma ta benefiċċju għal għadam. Dieta normali irid kollha prodotti tal-kalċju biex issaħħaħ l-għadam fiha basta mhux supplimenti minħabba l-fatt li dawn jistgħu ikunu ta piż għal kilwa.

❖ Għamel eżerċizzji biex tnaqqas l-istress.

❖ Appoġġja l-kliewi b'ammont ta formuli erbali biex issaħħahom.

❖ Ixrob ilma ppurifikat biex ma trabbiex ġebla.

❖ Żomm is-sistema diġestiva taħdem tajjeb u pprova tiekolx wara t-8 ta fil-għaxija. Tiehux ħelu qabel tidħol torqod.

❖ Hu t-testijiet tas-saħħa. Jeħtieġ li jkollok saħħtek tajba għandek kemm għandek żmien.

[7] Il-Mediċina tradizzjonali Ċiniża u l-Emozzjonijiet

Il-Mediċina tradizzjonali Ċiniża tidentifika l-kontroll tal-ġisem minn 5 elementi: Art, Injam, Nar, Ilma u metall. Kull element jiġi assoċjat ma kull organu partikulari. L-antenati jqabblu varjeta ta karatteristiċi differenti ta kull element u għalhekk ma kull organu. Tobba bi tradizzjoni ta' Mediċina Ċiniża juzaw hafna dawn il-karatteristiċi biex tgħin issib id-djanjożi tal-pazjent u hekk tara l-kawża tas-sintomi. La darba dawn it-tobba jemmnu li hemm xi tip ta żbilanċ f'xi wiehed mill-organi, dawn jagħmlu sensiela ta mistoqsijiet li huma relatati ma dawn il-hames elementi.

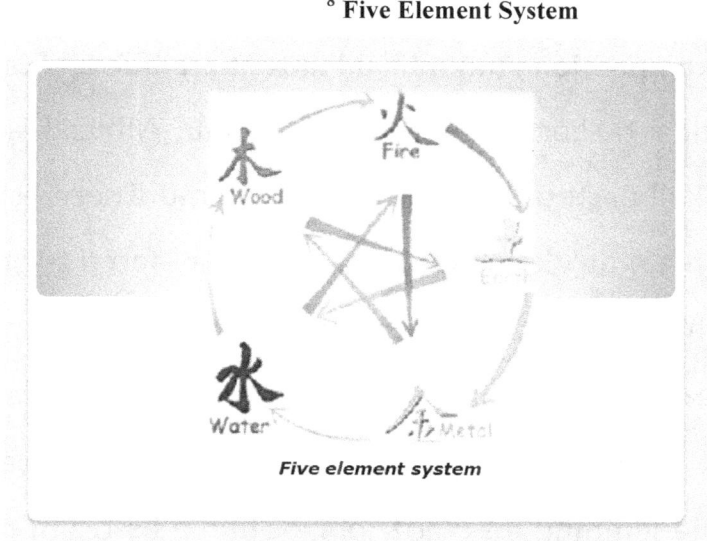

[8] Five Element System

Five element system

Per eżempju jekk pazjent juri sintomi li għandu żbilanċ fil-fwied, hemm suspett li jqum bejn is-siegħa u 3 ta fil-għodu, tibdil fil-vista u jista jkun ukoll uġigħ fil-ġogi. Jekk ikun hemm suspett li hemm żbilanċ fil-kliewi, jista jkun

---
[7] http://www.hantang.com/english/en_Artiċles/EMOTION.htm
[8] http://www.wudangdao.com/wp/wp-content/uploads/2011/07/five-element-relationships.jpg

hemm għejja kbira bejn il-5 u 7 ta fil-għaxija, ma tibdiex tisma u kif ukoll forsi tara xi bdil fis-snin u l-għadam. Waħda mill-aktar sintomi importanti imma hija l-bdil emozzjonali. Kull element minn dawn il-ħamsa huwa assoċjat ma l-emozzjoni. Huwa mportanti li niftakru li l-kawża u l-effetti fil-Mediċina Tradizzjonali Ċiniża mhumiex fl-linja dritta imma f'forma ċirkulari.

Skond ix-xjenza tal-Punent, l-emozzjonijiet jinqalgħu minn reazzjoni kumplessa tal-kimika ġewwa l-moħħ. Attwalment hemm diversi livelli ta emozzjonijiet minn diversi partijiet mill-moħħ. Hemm emozzjonijiet komuni bħal ferħ, rabja, biża, ġibda sesswali etċ… Hafna min-nies jafu jikkontrollaw dawn l-emozzjonijiet meta jesperjenzawhom. It-tfal jistgħu jesperjenzaw l-emozzjonijiet tal-biża u r-rabja ħafna aktar b'mod qawwi mill-adulti u dawn jistgħu jkunu aktar marbuta maċ-ċentru ta emozzjonijiet sofistikati. L-emozzjonijiet ta kompassjoni, mħabba u kuntentizza huma aktar assoċjati ma oqsma aktar ġodda ta kortiċi ċerebrali tal-moħħ. Mhux l-annimali kollha jkunu żviluppaw kull parti tal-moħħ. Nistgħu nifhmu li serp jista jesperjenza biża jew rabja imma mhux kompassjoni. Minħabba l-fatt li t-tobba tax-xjenza tal-punent jemmnu li l-emozzjonijiet ġejjin kollha mill-moħħ meta l-pazjenta ssofri disturb fl-emozzjonijiet tagħha, il-kimika li tixbaħ bħal newrotrasmettitur tingħata biex jitranġaw dawn id-disturbi mentali. It-tobba tal-Mediċina Tradizzjonali Ċiniża jemmnu li l-emozzjonijiet huma assoċjati mal-5 elementi.Huma jemmnu li meta tibbilanċja l-organu assoċjat mal-emozzjoni dan jibbilanċja l-emozzjoni. Xi kultant dan l-organu jitlef il-bilanċ minħabba li l-emozzjoni titlef il-bilanċ. Id-differenza minn tabib huwa li hi mportanti ħafna biex tevita li dan jerġa jiġri. Eżempju ta dan huwa li pazjent jiġi b'ħafna rabja, problemi ta rqad, tibdil fil-vista u kostipazzjoni. Mill-ewwel nissuspettaw li l-fwied żbilanċja. Il-pazjent jiġi megħjun bi ħxejjex aromatiċi u akkupunturi. Meta l-fwied jerġa jirritorna kif kien, il-vista terġa tirranġa u anke in-nuqqas ta rqad flimkien mal-musrana. Pero jekk il-pazjent għadu fl-istess post tax-xogħol li jobgħod, jaħdem ma dawn in-nies jerġa jagħmlu irrabjat u l-fwied jerġa jiżbilanċja. Jekk il-fwied jiġi żbilanċjat minħabba xi nfluwenza u għalhekk forsi wkoll b'ħafna kimiċi, dan jerġa jiġi korrett wara li jitlaq l-iżbilanċ.

Skond it-tradizzjoni tal- 5 elementi, rrabja hija assoċjata ma l-injam, il-ferħ assoċjat man-nar, il-ħsibijiet ma l-art, in-niket mal-ħadid u l-biża ma l-ilma. Il-fwied huwa assoċjat ma l-injam , għalhekk ma r-rabja, il-qalb assoċjata man-nar u mal-ferħ, il-milsa mal-ħsibijiet u ma l-art, il-pulmun mal-metal u n-niket , u l-kliewi mal-ilma u l-biża. Pazjent jista jkollu aktar minn żbilanċ wieħed f'organi differenti u għalhekk ikollu disturbi emozzjonali iktar kumplikati. Jekk  pazjent qed jesperjenza tibdil fil-burdati qawwijin bħal ferħ żejjed (Manija) jew biza żejda(dipressjoni), wieħed jista jistenna żbilanċ bejn il-qalb u l- kliewi (Żbilanċ bejn Nar u il-ma). Wieħed jista jistenna wkoll sintomi bħal nuqqas ta rqad, ħolm disturbat, taħbit żejjed tal-qalb u t-temperatura tinbidel. Jekk pazjent ikollu tibdil fil-burdati qawwija bejn Rabja u rimors, jista joħloq ukoll żbilanċ bejn il-fwied u l-pulmun kif ukoll sintomi ta nifs qawwi, ippurgar, u qawmien bejn is-siegħa u l-ħamsa ta fil-għodu. Xi tibdil emozzjonali jista jidher ukoll bħalha dipressjoni imma fil-Mediċina Tradiz-Tradizzjonali Ċiniża l-organu involut jista jkun differenti. Jekk id-dipressjoni hija attawalment rabja minn ġewwa bħalma ġeneralment tkun f'ħafna nisa, il-fwied jitlef l-iżbilanċ. Nħarsu lejn sintomi primestrwali bħal bugħawwieġ waqt il-mestrwazzjoni u l-qawmien bejn is-siegħa u t-tlieta ta fil-għodu. Jekk tkun fil-burdata li l-ħin kollu toqgħod titħasseb u jidher li hemm dipressjoni, jiġi ssuspettat li mill-milsa u sintomi oħra huma nuqqas ta aptit fl-ikel, dijareja, fluss qawwi ta dmija waqt il-mestrwazzjoni. Xi kultant id-dipressjoni tista tkun ukoll assoċjata ma attakki ta paniku u kif ukoll biża. Hemm joħroġ is-supett li hemm żbilanċ fil-kilwa. F'dan il-każ jiġi mfittex il-qalba fil- mod ta l-awrina, tisfir fil-widnejn u kif ukoll uġigħ fil-parti ta isfel tad-dahar. Jista jkun hemm ħafna tibdil ukoll ta emozzjonijiet. Huwa mportanti li tara liema organu fil-ġisem hu żbilanċjat.

Tabib tal-Mediċina Tradizzjonali Ċiniża jista jidentifika fejn hemm l-iżbilanċ u jikkura permez ta ħxejjex aromatiċi u akupuntura u jikkoreġi l-izbilanċ. Huwa mportanti li żżomm dan il-bilanċ għalkemm mhux dejjem hu faċli minħabba stress li tista ssib ma wiċċek fil-ħajja normali ta kuljum. Dieta tajba u kif ukoll eżerċizzju jista jnaqqas dan l-iżbilanċ. Dieta tajba tinvolvi il-ħames togħmiet – ħlewwa, qrusa, morr, pikkanti u mielaħ u kif ukoll il-ħames kuluri – iswed, aħmar, abjad, l-isfar u l-aħdar, f'kull ikla.

www.ingramcontent.com/pod-product-compliance
Lightning Source LLC
Chambersburg PA
CBHW080855170526
45158CB00009B/2740